科学真有趣·改变世界的中国传统大发明

神奇的造纸术

姜蔚 / 文　谛缘花 / 图

江西高校出版社

纸有很多用途，它就像我们形影不离的朋友，随时随地"挺身而出"，帮我们"排忧解难"。比如，纸可以用来擦掉污垢、包装物品，也可以装饰房间、制作玩具……

　　不过，纸最重要的用途还是写字、画画，记录事情。

　　既然纸这么重要，那么在纸没有发明之前，古人是用什么来代替纸的呢？

很久很久以前，人们要想记录一些事情，只能用绳子打结记事，或者在石头上、在动物的骨头上刻字。

哎呀，好难刻啊！

3

后来，人们开始在青铜器上铸字。这可是
个技术活，一不小心就会出错。

当然，也有人把竹子削成片，串起来做成书简，在上面写字。绢帛也可以写字，可是它太贵了，普通人根本用不起，只有富贵人家才舍得用。

在古埃及，尼罗河的沙洲上到处生长着一种植物——纸莎（suō）草。人们将纸莎草的内茎切成薄片，然后浸泡，排列，捶打，最后用石头等重物压平，干燥后磨光，莎草纸就做好了。这种"纸"很便宜，普通老百姓也用得起。

咦，这种草看起来很特别啊。我把它切开看看。

浸 泡

印度人发现了一种植物——贝叶棕，它的叶子很宽大，特别适合书写。

于是，人们把贝叶加工后，用铁笔在上面刻字，然后涂上墨水。

那时候，欧洲人使用的就是从埃及传来的莎草纸，有时候也用羊皮纸。他们将羊皮浸泡在石灰水中，然后去除毛发和皮质，再拉一拉，展开来。瞧，羊皮纸就做好了！

可是，这些"纸"不是太贵，就是太重，一般只用来写字。古人想，要是有更轻、更薄、更便宜的东西来写字就好啦！东汉时，一个叫蔡伦的人偶然看见工人们在用蚕丝制作丝绵。

10

丝绵做好以后，上面还会有一层东西。他把那层薄薄的东西揭下来晾干，发现它很适合用来写字。

丝绵太贵了，要是能找到一种便宜的替代品就好了。

1. 洗涤。找来的材料要洗去杂质。

蔡伦和工人们钻研了很久，他找来麻布、麻絮、渔网、树皮等物品，挖了池子沤制。

2. 挖池沤制。加上破布和破渔网。

3. 蒸煮。将材料与石灰一起蒸煮。

4. 捣碎，制成纸浆。

抄纸：这里指手工抄纸，即把纸浆摊在又细又密的竹帘框架上，沥干水分后取下的过程。

5. 搅拌，沉淀。

好薄一层啊！

6. 抄纸。

7. 晾晒，揭纸。

经过反复试验，蔡伦终于制造出了既便宜又好用的纸。

太好了！这种纸比书简轻，比丝绸便宜，大家都用得起。

后来，人们把这种纸叫作"蔡侯纸"。蔡伦改进的这种造纸术成为中国的四大发明之一。

15

蔡侯纸发明之后，不断有人改进造纸的工艺。东汉末年，在蔡伦去世约 80 年后，造纸家左伯造出了左伯纸。这种纸在当时非常受欢迎，因为它薄厚均匀，洁白又光滑，还不容易破。

左伯纸真光滑，写字太流畅了！

到了唐朝，造纸术又有了很大的改进，人们把山上的竹子砍下来，破开，再把竹子放在池子里沤，杀青，蒸煮，淋灰浆，捣碎，抄纸，烘干，最后做成了一种竹纸。

这种纸比制作左伯纸的工艺简单多了！我们可以大批量生产了。

同时，造纸术的工艺也越来越精湛，纸张的种类越来越多，"颜值"也越来越高，出现了砑（yà）花纸、硬黄纸、蜡笺、薛涛笺等名贵纸张。

纸贵的时候，人们舍不得用它来擦屁股。当纸越来越便宜时，已经到了南北朝时期，终于出现了专门的厕纸。

太好了，终于可以不用这个擦屁股了。

瞧，我也有厕纸！

除了厕纸，窗纸也值得一说。古代的房子有窗户，但那个时候可没有玻璃。在纸出现之前，人们只能用其他物品挡一挡窗户，比如布帘子、草帘子。

后来，纸的应用越来越广泛，人们想到用纸来糊窗户。有人担心，万一下雨，窗纸会不会破呢？没关系，这些窗纸可是用油浸过的，而且还加厚了，所以不管风吹雨打，都不容易破。

纸虽然越来越便宜，但是有一种纸却价值不菲，它就是纸币。宋朝时，金银货币实在是太重了。商人们想，能不能发明一种轻便的货币呢？于是，他们在纸上印上复杂的图案，把这种纸币当作钱使用。世界上最早的纸币——交子，就这样诞生了。

是啊！走南闯北做生意，再也不用背一堆金银了。

带交子比带金银方便多了。

在古代，纸的用处还有很多：下雨天，撑一把油纸伞，走在雨中，简直美成了一道风景；春天到户外放纸鸢的欢乐场景，引发了诗人无限的灵感；还有神奇的剪纸，剪刀在纸上翻飞，鸟兽花卉就"活了"……

　　造纸术不仅对我国影响巨大，而且还随着"丝绸之路"传到了世界各国。以前，古代西方国家用贝叶、羊皮、莎草纸等写字；后来，中国的造纸术风靡全世界，为人类文明的发展起到了深远的影响。

26

到了现代，"纸家族"进一步壮大，
到处都有它们的身影——

（气泡对话）

吃蛋糕的时候，怎么能少得了纸盘和纸杯呢？

刚出炉的蛋糕，用手拿？不，用纸盒装，多干净！

28

吃完东西，爸爸看报纸，妈妈看书，我们画画儿。

29

纸成了我们生活中的"好朋友"，我们越来越离不开它。可是，现代的纸大多数是用树木作为原料生产出来的哟！我们用的纸越多，砍掉的树就越多。

不仅如此，造纸厂在生产纸的时候，还会产生大量的污水。当废水流到河里……天哪，河水变得"有毒"啦！

32

造纸术为我们的生活带来了巨大的变化，希望你能爱惜身边的每一张纸，因为它是那么神奇而伟大。

回收废纸，循环使用，环保小卫士就是你。

废纸壳也可以变成宝贝，现在是你发挥创意的时候了。

图书在版编目（CIP）数据

神奇的造纸术 / 姜蔚文；谛缘花图. —— 南昌：江西高校出版社，2024.2
（科学真有趣.改变世界的中国传统大发明）
ISBN 978-7-5762-4355-0

Ⅰ.①神… Ⅱ.①姜… ②谛… Ⅲ.①造纸工业－技术史－中国－古代－儿童读物 Ⅳ.①TS7-092

中国国家版本馆CIP数据核字(2023)第230316号

神奇的造纸术

SHENQI DE ZAOZHISHU

策划编辑：王　博
责任编辑：王　博
美术编辑：张　沫
责任印制：陈　全

出版发行：江西高校出版社
社　　址：南昌市洪都北大道96号（330046）
网　　址：www.juacp.com
读者热线：(010)64460237
销售电话：(010)64461648

印　　刷：北京印匠彩色印刷有限公司
开　　本：787 mm×1092 mm　1/12
印　　张：3
字　　数：42千字
版　　次：2024年2月第1版
印　　次：2024年2月第1次印刷
书　　号：ISBN 978-7-5762-4355-0
定　　价：19.80元